CARLO MELE

LE TRE VIE DELLA AUTO-EVOLUZIONE

LULU EDIZIONI

Auto-pubblicazione a cura

del dott. Carlo Mele

ISBN 978 – 1 – 291 – 28598 - 7

Copyright © 2013 by Carlo Mele

Tutti i diritti riservati

Lulu Edizioni

Prima edizione. Gennaio 2013

Capitolo 1

Il motore dei tuoi eventi

Fare della scienza significa studiare i meccanismi delle cose, dei fenomeni, degli eventi, capirne i perché, essere in grado dunque di spiegarli, ed alla fine di riprodurli in laboratorio, per una verifica sperimentale che possa essere per tutti, universale, e non qualcosa di strettamente soggettivo. E quando ci si aggira nel campo della vita umana, delle sue leggi, dei fenomeni che le gravitano attorno, gli eventi esistenziali, ma anche quelli della sfera psichica, diventa un po' più difficile codificare tali leggi e tanto meno metterle in formule, ridurle insomma in equazioni matematiche. E non che manchino anche qui motivi matematici di base, ma il fatto è che ci troviamo di fronte ad un mondo molto più complesso e variopinto, per riuscire e ricondurre ogni meccanismo a semplici formule.

La nostra vita insomma è qualcosa di complesso, ma poi in fondo paradossalmente anche di semplice; solo che i suoi principi ispiratori sono di una matematica sopraffina, probabilmente ai limiti dell'irrazionale. Eppure siamo di fronte ad una scienza e non di fronte al caso, siamo di fronte a qualcosa di spiegabile, di verificabile e di riproducibile. L'unica differenza rispetto alle scienze matematiche e fisiche è che uno questa verifica può farla solo nel proprio laboratorio personale, è una verifica ad personam, che l'universalità sta nella possibilità che chiunque ne faccia la sperimentazione e verifichi le stesse cose;

non è possibile in quest'ambito emettere formule universali o dare dimostrazioni scientifiche di stampo universale. Verifiche e sperimentazioni rimangono solo sul piano personale. Ma hanno tutti i crismi della scienza. Una scienza ad personam, insomma. Ed è un po' il limite, il pregio ma anche forse il difetto di questo tipo di ricerca, ove solo chi si approfonda in un determinato grado di scoperta vede, scopre e conosce; gli altri non vi hanno accesso, fino a che non vanno anch'essi in quella profondità. La ricerca interiore resta un fatto personale, ove chi è più avanti può aiutare chi è più indietro, intanto attraverso la parola, e se i suoi mezzi si sono evoluti abbastanza anche attraverso un apporto di energia, che non è poi poca cosa. Questo è quello che può fare ad esempio un maestro, che non solo ti spiega come funzionano certe cose perché lui le ha già sperimentate e conosciute prima, ma ti fornisce anche la spinta di energia e di coscienza per realizzarle. Ti aiuta in modo concreto.

Ciò premesso, ci preme scandire ancora una volta il fondamentale concetto che tutta la nostra esistenza è ricerca e sperimentazione, e che ognuno di noi si ritrova in un grande laboratorio di ricerca che è la sua realtà, non ultimo ed ancora prima quella interna, ove mettere a fuoco, fare il punto e verificare ogni situazione che la vita gli propone davanti, come banco di prova e di collaudo e di apprendimento di tutti i meccanismi fondamentali che da quel dato evento uno deve imparare. Ed ogni nostro vissuto ha uno scopo didattico, poiché si finalizza sempre ad un certo apprendimento, ad una migliore perlustrazione di noi stessi, ed al nostro rapporto con gli oggetti della nostra vita, ove per oggetti intendiamo le figure fondamentali di riferimento, i rapporti sociali, le ambizioni, le mete, i sogni, i talenti più o meno nascosti, le facoltà mentali, gli interessi di lavoro o di vita in generale, gli affetti, eccetera. Sono i nostri oggetti di vita e di osservazione, mentre noi restiamo il soggetto osservatore e sperimentatore, che si pone in rapporto ad essi. Ed essi hanno vita nella misura in cui noi diamo vita a loro.

Al fondo delle nostre relazioni oggettuali v'è tanta legge psichica dunque, e dietro a quella legge psichica v'è tanta legge mentale. Possiamo arrivare tranquillamente a dire che nulla di tutto ciò che si muove attorno a noi è mai casuale, e che ogni oggetto della nostra vita riflette sempre necessariamente i nostri oggetti interni, i nostri bisogni magari ancora inespressi, e che tali bisogni non sono solo quelli da noi cercati e riconosciuti come importanti e magari preferiti, ma anche e soprattutto bisogni profondi di apprendimento, di superamento di certi incagli psicologici, di certe tare ereditarie, di certi limiti del nostro essere, di certe lacune dell'intelligenza, della volontà, e del carattere, di certe spigolosità dell'essere che ci fanno vivere e gestire in modo poco produttivo e talvolta antisociale. Sono bisogni profondi spesso a noi misconosciuti, ma che poi sono le nostre spine nel fianco, quelle che paghiamo di più nella nostra vita, i fattori di destabilizzazione e di sconfitta che noi non vediamo, e che sono nel fondo di noi, il nostro lato oscuro, negativo, e più perdente.

Queste nostre carenze della personalità, questi nostri difetti, queste lacune, queste negatività sono esse stesse i più potenti oggetti inconsci che richiamano nella nostra realtà situazioni di vita, e con questo intendo oggetti, relazioni ecc. atte a correggerle. Esattamente poi tutto quello che noi viviamo come fattori di disturbo, di stress, qualcosa di sgradevole e di iellato che puntualmente ci capita tra i piedi e che non vorremmo mai vivere. Ebbene sono situazioni di apprendimento che ci stiamo richiamando proprio noi, sono proiezioni vere e proprie delle nostre oscurità più profonde. Sicché la realtà ci serve su un piatto d'argento sempre le situazioni più ottimali per mettere a dura e vera prova tutte le nostre lacune, le nostre difficoltà, le nostre incapacità, i nostri limiti, A tratti questa nostra realtà sembra essere proprio sadica talvolta, proprio quando ci rifila di queste situazioni capestro che noi preferiremmo molto più evitare, che ci risparmieremmo certo. Non tutto ci va sempre per il verso giusto, quello che vorremmo noi, o quasi sempre o molto spesso. Perché?

Qualcosa ci dirà che tutto questo è iella, qualcun altro dirà che è colpa di tizio o di caio, che ci invidiano o che ci vogliono male; e sarà anche parzialmente così, ma tuttavia la vera spiegazione delle dinamiche della nostra vita siamo solo noi. Ci succede solo quello che noi stessi richiamiamo dal profondo. Ci vien dato di vivere quello che ci serve, o quello che meritiamo. E noi meritiamo di essere di più, di valere di più, di potere di più. Ma per potere accedere a tutte queste maggiori possibilità occorre superarsi. E per superarsi ecco allora i test della vita, che nati spesso come situazioni tra le più sgradevoli, hanno invece la funzione di spingerci verso frontiere di qualità e di espressione del nostro essere decisamente più importanti. Tutto questo solo a nostro favore.

Capitolo 2

La Conoscenza

Si definisce da sé dunque come la vita sia un'esperienza di apprendimento e non solo di divertimento o di piacere, e che il dolore debba essere considerato come lo scotto da pagare alle nostre lacune ed alle nostre stesse incompletezze. Noi finiamo col soffrire noi stessi, in quanto il dolore scaturisce da un lato da una nostra incapacità di vivere in maniera positiva e gioiosa anche quello che può apparire triste e doloroso, dall'altro dal ritorno delle nostre stesse azioni distruttive, e dalla involontaria evocazione di situazioni di disagio provocata per l'appunto dalla nostra incompletezza e negatività di fondo, dalla nostra lacunosità.

Il dolore in fondo è qualcosa di soggettivo, poiché potrebbe essere doloroso per te ciò che è gioioso per me e viceversa. Premesso dunque che le situazioni di apprendimento ce le richiamiamo noi e che lo scopo della vita è la Conoscenza, vediamo di capire meglio cosa c'è da conoscere.

Beh, potrebbe apparire banale dire che c'è da conoscere noi stessi, ma in fondo è una verità grande così. Poiché proprio noi-soggetto osservatore e gestore della nostra vita dobbiamo intanto imparare a conoscere e migliorare, in quanto la nostra realtà come già detto si modella esattamente sulla base di quello che noi siamo dentro. Possiamo a giusta ragione dire che gli oggetti della vita materiale, gli eventi insomma, sono la vera proiezione degli oggetti che noi abbiamo dentro e non solo di quelli chiari o di luce ovviamente. E di oggetti bui dentro ce ne portiamo davvero tanti, senza che lo sappiamo, a livello inconscio. I bassifondi del nostro inconscio sono un po' il nostro inferno personale, ove si annidano i nostri mostri a noi stessi sconosciuti, ma che poi ci tormentano e rappresentano un po' i nostri incubi, non solo notturni, nei sogni, ma anche e soprattutto diurni, negli eventi del nostro quotidiano. Cosa c'è da conoscere dunque?

Innanzitutto questi aspetti oscuri di noi, che debbono poter essere portati alla luce e capiti, ed alla fine invalidati proprio attraverso questa nostra azione analitica e di comprensione, annullati. Non debbono esservi più punti oscuri dentro di noi, poiché tali forze oscure sono proprio quelle che ci condizionano la vita, i gesti, i pensieri, i comportamenti, le scelte, ed a ruota il ritorno stesso degli eventi che si fa a quel punto negativo, oscuro, in una parola perdente, se non doloroso. Perché continuare a portarsi dentro un tale bagaglio sporco e distruttivo? E come fare e ripulirlo? Certo, ciò che è inconscio, ben annidato nel sottobosco psichico, non sarà mai facilmente disposto a venire fuori, alla leggera, farà sempre grande resistenza. E' l'opposizione del male, che non ama mai la luce del sole, né tanto meno il bene, la costruttività per noi e per gli altri. Per definizione. La via dell'analisi, già a partire da Freud, ha sicuramente portato ottima linfa vitale a questa scienza della scoperta dell'inconscio.

Auto-osservarsi, capirsi, superare le proprie difese, i propri modi negativi di reagire, i propri comportamenti che nati come fatto difensivo si tramutano poi in forme di autolimitazione, rappresenta sicuramente quanto di meglio per ripulirci da tutta la sporcizia del profondo. La conoscenza di sé è la cosa più difficile, intanto per via di quelle resistenze di cui abbiamo appena parlato e poi perché mettere le dita nelle proprie piaghe personali non è mai cosa facile e gradita, per nessuno. Guardarsi in faccia ed avere il coraggio e l'onestà di vedersi per quelli che si è, per i propri difetti più che per i propri pregi non piace mai a nessuno. Ma la via di una tale umiltà ed onestà con se stessi è la più alta e se vogliamo la più divina. Poiché consente di liberarsi di energie distruttive e mettere quella energia al servizio della costruttività. Significa avviarsi a trasformarsi da perdente in vincente. Un atto di sincerità di grande difficoltà, ma di grande pregio. Chi vi riesce vince. Chi lo evita continuerà a perdere, anche se convinto del contrario.

Cosa c'è da conoscere dunque? Innanzitutto le parti oscure di noi stessi, come stiamo vedendo. Ed è la cosa più sgradevole. Che si trasforma nel risultato più gradevole, tuttavia. E poi? E poi la corsa continua, poiché il lavoro introspettivo non finisce qui. Poiché dove termina il lavoro di ripulitura dagli oggetti interni negativi, inizia quello di costruzione di quelli positivi. Ma di quali oggetti parliamo? Beh, i primi oggetti che vorremo scoprire e costruire dentro di noi sono in genere oggetti che hanno un chiaro riflesso nella nostra vita quotidiana materiale, sociale, familiare lavorativa e via discorrendo. E' tutto ciò che ha attinenza con i nostri affetti, i nostri interessi umani, economici, lavorativi, le cose insomma, quelle che sogniamo ed altre nuove che vorremo sognare, scoprire e materializzare. Magari talenti nascosti, facoltà diverse e superiori. E tutto questo è un vero lavoro di costruzione della nostra mente superiore o super-conscio.

Già, quello che prima era un lavoro sull'inconscio, ora si configura come un lavoro sul nostro super-conscio, la sfera della mente superiore, che non è lontana da quello che molti vedono come divino o soprannaturale, altri come paranormale, o roba del genere. Beh, mille definizioni lasciano sempre il tempo che trovano. Ognuno la definisca come vuole. Riteniamo che il termine di super-conscio ricalchi abbastanza bene quel terreno che è al di là del conscio e della ragione, del razionale, del cerebrale insomma. Super-conscio non è qualcosa di fisico, di corporeo, di cerebrale. E' una energia superiore ed incorporea, che sta a noi sviluppare, una vibrazione della mente superiore che non è più del mondo fisico. Dobbiamo sviluppare la dimensione super-conscia di noi. Ma come?

Diciamo che il tema della tecnica, della via, è proprio quello che ci riproponiamo primariamente di affrontare in questo libro. Chiariamo meglio intanto cosa è Conoscenza e cosa è Evoluzione.

Abbiamo detto che dobbiamo prima sapere illuminare i nostri oggetti oscuri e liberarcene, ed abbiamo detto poi che dobbiamo saper illuminare e sviluppare in nostri oggetti di luce, i nostri nuovi oggetti di scoperta e di realizzazione. Autorealizzarsi è un po' completare fino in fondo tutta questa operazione, tirare fuori la propria vera identità dell'anima, la nostra aspirazione più inconfessata ed autentica, ed incanalare in essa poi il nostro restante percorso di vita. Ognuno di noi ha una passione inconfessata, un'aspirazione primaria, una vocazione vera e propria se preferiamo, chi artistica, chi professionale, chi amatoriale, chi sociale, e via discorrendo. Ognuno ha la sua. Quando troviamo la giusta armonia tra ciò che ci appaga e ciò che ci remunera, economicamente, moralmente, socialmente, facendoci sentire utili al tessuto in cui viviamo, produttivi per tutti, allora siamo certi di vivere la nostra vera anima, la nostra identità vera. La nostra autorealizzazione. Quello per cui siamo nati. Solo allora saremo appagati. Non potremo esserlo fino a che faremo cose per le quali non siamo portati, ed alle quali siamo costretti dal mondo dei soldi, dalla società, dalla famiglia, dai bisogni più stringenti. L'autorealizzazione comincia da qui, dalla scoperta e dalla concretizzazione di questa armonia personale di vita.

Tutto il percorso della Conoscenza per noi fino a questo momento sarà consistito nello scoprire chi siamo veramente, a cosa aspiriamo, la nostra vera anima insomma. A tutti i livelli, sociale, familiare, sessuale eccetera. E' un processo di potente investimento di energia questo, poiché non si arriva ad una simile scoperta senza spendere molta energia. E già questo fa comprendere come sia necessario un metodo che ci aiuti, fornendo molta energia e tanta, da incanalare in questo processo. Ma poi? Il nostro cammino finisce li?

No, mai. Il nostro cammino di scoperta, come anche di ricerca non finisce mai. Poiché vi saranno sempre nuovi fronti di ricerca e di scoperta.

Quando sei nella pienezza della tua identità, il tuo ulteriore avanzamento della

conoscenza diventa sviluppo di energia mentale pura. Un cammino della forza pura. Tu cominci a sganciarti dagli oggetti, ma non perché gli oggetti non siano carini ed interessanti, qualunque essi siano, comprese le passioni, ma perché un forte anelito ad una scalata superiore ora ha fatto ingresso in te e tu vuoi andare oltre. Ed è anche normale.
C'è molto gusto a scoprire, a progredire, ad essere di più, a potere di più, a vedere di più. E' normale. La sete più profonda della nostra anima in fondo è questa, la ricerca del sapere e con esso del potere. Noi aspiriamo sempre a qualcosa di più. Altrimenti poi in una situazione di stallo ci annoiamo. Ci demotiviamo. Ecco, la motivazione principe della nostra vita è proprio la ricerca di nuovi fronti di scoperta di noi stessi, di possibilità nuove di esistenza. Si arriva ad un punto in cui questa stessa vita noi la viviamo su piani differenti, le stesse cose le vediamo da angolature

diverse. Le angolature cambiano, non le cose. Cambi tu che sei l'osservatore, e colui che proietta luce sulle cose. Gli oggetti della vita per l'appunto.

Ecco, la Conoscenza è esattamente la rivalutazione della nostra percezione degli oggetti, la rivalutazione del nostro rapporto con essi, un modo nuovo e diverso, diciamo pure più efficace e redditizio, più bello di porsi verso di essi, un modo anche più vincente. Gli oggetti sono quelli, ma noi riusciamo o porci su un piano più sottile o sofisticato di coscienza se vogliamo, da viverli in modo decisamente più affascinante. Siamo noi che tributiamo bellezza alle cose, anche a quelle che prima vedevamo scialbe. Poiché prima scialbi eravamo noi. Ora siamo più luminosi, più carichi di una energia-luce capace di compiere un tale miracolo.

Conoscere è dunque sperimentare un rapporto nuovo con le cose, anche con le stesse cose, ma magari anche con cose nuove. Siamo noi che cambiamo. Cambia la nostra lente di osservazione, che si fa più smerigliata e pulita, riflette più luce ed ingrandisce di più, è più capace di dare luce e forza ai nostri oggetti esistenziali. Ed essi arrivano a prendere forma sotto i nostri occhi. Noi stessi li rivalutiamo. Noi stessi li materializziamo. Conoscenza è esattamente lo studio della interazione tra la nostra mente che è lo strumento cardine di tutta questa perlustrazione ed azione e la realtà che ci circonda, ancorché di quella che ci appartiene dentro. Ci rigeneriamo dentro e la nostra realtà si rigenera fuori. Poiché l'una è specchio dell'altra.

Capitolo 3

La conquista delle dimensioni

Quando il nostro essere superiore o superconscio si innalza nell'energia e nella coscienza a gradi di percezione e concezione della realtà di livello superiore, allora tutta la nostra ottica cambia. Tutta la nostra percezione di realtà si fa più profonda e sottile a mano a mano che noi ascendiamo verso livelli vibratori della mente e della coscienza sempre più alti e profondi. E altezza e profondità sono la stessa cosa. Eppure è così. Perlustrare la realtà significa andare più in profondità, e se tu comprendi che la realtà stessa è un fatto mentale, alla fine capisci che andare più in profondità significa elevare e quindi innalzare le frequenze vibratorie della mente. E' un po' questo il crogiuolo di tutta la nostra Evoluzione. Arrivare a scoprire in una esperienza personale che la materia è vibrazione al pari della mente e che esse parlano uno stesso linguaggio, sono fatte della stessa natura. E' questa la grande scoperta che ci aspetta tutti. Ed è una scoperta di profondità.

Ecco qui dunque questa apparente contraddizione. Più vai in profondità, più innalzi ed affini le tue frequenze mentali vibratorie. Evoluzione è dunque elevazione delle proprie frequenze vibratorie della mente, la quale reca in sé un bagaglio di esperienza che si proporziona e quindi di Conoscenza relativa. Tu fai esperienza mentale della realtà ad un livello vibratorio differente e superiore, e quindi una serie di sperimentazioni che fanno un superiore bagaglio di possibilità e di Conoscenza. Il

tuo rapporto con la realtà si fa più potente e causale. Diciamo più divino.
Divino nella nostra concezione è tutto ciò che attiene alla sfera di Dio e che possa da noi essere esperito, in senso relativo dunque, in senso a noi accessibile. Il divino è l'accessibile all'uomo, non il non-accessibile. Poiché Dio inteso come assoluto è l'inconoscibile, il non-accessibile. L'esperienza del divino ha una valenza tutta personale e relativa dunque, un fatto di livelli, di dove la nostra energia, la nostra vibrazione superiore, la nostra coscienza sia riuscita a collocarsi. Là tu sperimenti. Quello è il divino che tu incontri e conosci. E che realizzi. E che attraverso di te può anche esprimersi. E' una modalità di Dio. Ma parliamo comunque di Dio, di un aspetto di Lui, di una parte di Lui. Per questo parliamo di divino.
Quando le tue frequenze vibratorie si fanno molto alte, tu hai accesso e naturale contatto con una dimensione più profonda e divina,

di luce diciamo, o sempre più di luce, ove l'incontro con la manifestazione divina diventa un fatto naturale. Evolversi è dunque raggiungere tali superiori livelli di energia, di vibrazione, di moralità dell'essere, quindi di funzionamento.

Le cose della Terra in fondo sono sempre le stesse, ma è il nostro rapporto con esse che si modifica. Poiché mentre prima quando sei ancora un po' troppo umano ed imbranato subisci le cose, non le capisci, le soffri, quando diventi tu stesso più divino ci cammini sopra, non le soffri più allo stesso modo o per niente, le domini ed alla fine tu acquisti potere su di esse. Il divino è questo. Una condizione di potenza rispetto all'umano, ma anche di comprensione e di amore.

L'umano patisce sentimenti, relazioni, situazioni, eventi e cose varie. Il divino no. Ed a mano a mano che tu stesso ti divinizzi in questo tuo moto ascensionale di energia e di vibrazione, ti guadagni tutta questa superiore possibilità o modalità di essere. La tua esistenza diventa divina, pur essendo tu ancora uomo. Ma che bella differenza però! Sei sempre nello stesso mondo, ma per te è come essere in un altro mondo! Poiché tu sei diverso.

E c'è più gusto nel vivere le cose, più bellezza, più purezza, più forza, più capacità. E tutto questo è Conoscenza, che si accompagna alla tua superiore Evoluzione. Comprendi? Le due cose si sposano. Per ogni superiore livello vibratorio della mente v'è un superiore livello evolutivo della tua esistenza, ed un superiore livello di esperienza e di sperimentazione della tua realtà o Conoscenza. Tutte queste cose sono strettamente correlate, ed interconnesse.

Ma una tale crescita, che pur tende ad avvenire per sue linee naturali, richiede tuttavia un buon propulsore di sviluppo, uno strumento che ci permetta di evolvere più velocemente. Ché, sennò, di per sé sarebbe lenta, e potrebbe richiedere anni ed anni, e neanche una vita sola ti basterebbe per arrivare a certi livelli di divinità. Poiché tu stesso devi diventare divino. Ed anche qui vi sono dei gradi. Poiché il tuo incontro col divino avverrà prima come un fatto di dualismo, nel quale Dio ti si manifesta fuori e magari tu ci parli, con enti divini intendo, per poi nel tempo tu stesso diventare il divino, o meglio realizzare il Dio che è già in te.

Sono passaggi, gradi di evoluzione e di esperienza. Difficile schematizzare queste cose, che già esponiamo nelle loro linee generali, per il come funzionano. Ma tu devi fare poi passaggi personali. Che possono variare da individuo a individuo, quantomeno nelle forme. Le linee essenziali comunque sono queste per tutti. E sono quelle che ti espongo.

Alla fine tutto è vibrazione. E' questo che devi arrivare a sperimentare. Ma lo sperimenti dentro ovviamente, non ad occhi aperti, poiché ad occhi aperti cosa vedresti mai? Le cose come appaiono in terza dimensione. Cose compatte, spesse, dense. Materia solida, eventi del quotidiano. Ma la loro vibrazione costitutiva la vai a percepire solo nella profondità di quello che puoi chiamare meditazione o comunque un atto di concentrazione della mente, che affina le sue armi e coglie quelle vibrazioni. E le armi della mente sono proprio vibrazioni. Il pensiero è vibrazione. La mente è vibrazione. La scienza è vibrazione.

Tu sei qui e cogli una vibrazione sul pianeta Marte, o nel passato o nel futuro. E' pacifico che la vibrazione mentale alberghi oltre la dimensione spazio-tempo, e l'acquisizione di un potere paranormale o soprannaturale, a seconda di come lo si voglia guardare, diventa una naturale conseguenza di questa proprietà. Energia e vibrazione sono la stessa cosa. Vibrazione e mente sono la stessa cosa. Tutto è mente e tutto è vibrazione. Comprendi?

Quando hai raccolto che tra te ed il pianeta Marte non c'è alcuna distanza sul piano sottile e tu sei già lì, ti ci trasferisci facilmente sul piano astrale. Ma un giorno potresti altrettanto farlo facilmente anche sul piano fisico, a patto però di essere entrato in quinta dimensione. La dimensione della luce.

Quello che dice la fisica quantistica è giusto l'anticamera di quello che i migliori asceti hanno sempre sperimentato su se stessi, con la semplicità e la potenza della mente, della sua proprietà vibratoria. In un attimo erano là. Poi erano qua, E poi erano là e qua contemporaneamente. Poiché la mente superiore non ha le barriere della ragione umana, che è un fatto cerebrale, ed il fatto cerebrale è un fatto corporeo. Come può il corporeo cogliere ciò che è incorporeo?

Solo l'incorporeo ed il senza tempo e spazio può cogliere ciò che è senza tempo e spazio. E la vibrazione pura della mente è tutto questo. Quali possibilità ti derivano dal superiore affinamento delle armi della mente? Immagina un po' tu. Ma è una cosa che devi sperimentare di persona. Non basta che un altro te lo dica. La Conoscenza si fonda sulla personale sperimentazione, non solo su un bel racconto. Quello ti serve per accedere quantomeno a livello razionale ad un certo tipo di possibilità; poi il salto lo devi fare tu, con tutto te stesso. Nessuno lo può fare per te.

E allora scopri che esistono dimensioni parallele, tante dimensioni parallele. E che la mente sottile o spirituale o super-cosciente che dir si voglia le può percorrere e coprire tutte facilmente, può saltare facilmente dall'una all'altra. Avere contatto con defunti, o trapassati può anche essere una cosa normale, come può essere normale andare in dimensioni future, o che so io. Capisci? Non sono possibilità razionali. La ragione non può arrivare a capire queste cose. Tu le devi vivere, cogliendole sulla tua pelle, sperimentandole di persona. Allora sai. E quel sapere non te lo può negare più nessuno.

E ti accorgi allora che il giudizio della gente è effimero, insufficiente, superficiale, angusto, a tratti anche ridicolo. Poiché ognuno parla per quello che ha raggiunto. Ed altrettanto facilmente giudica, parla senza sapere. E ti fanno solo ridere. Ma tu alla fine sviluppi comprensione, tu capisci loro, il loro limite, e capisci che si stanno solo difendendo, che attaccando te che sei andato oltre e dandoti del matto stanno solo tentando di difendere il territorio della loro ignoranza e della loro impotenza. A nessun essere umano piace essere l'ultimo. Tutti hanno un orgoglio. E l'orgoglio è il nostro peggiore nemico. Poiché ci acceca. Non ci fa vedere liberamente i nostri limiti. E non avere l'umiltà di ammettere e di vedere i nostri limiti, significa negarsi la possibilità di superarli.

Se ti fai ultimo da te, potrai forse essere il primo. Ma se ti fai primo, nella realtà potresti essere l'ultimo. Poiché sei primo solo nella tua presunzione, non nei fatti. Non nella Conoscenza. La Conoscenza è quella che ti permette di spostare le montagne. Cos'è un miracolo per esempio? E' un fatto di energia e di vibrazione. Ma di un livello superiore, di un livello di luce. Se la tua vibrazione si avvicina a quello della luce tu fai un miracolo. O meglio divieni strumento di un miracolo, dato che questo lo fa Dio, non l'uomo. Ma vi partecipi anche tu.

Tu puoi arrivare ad incidere anche sulla materia, al punto da trasformarla, cambiarla, generarne altra anche all'istante. Nell'ottica divina questo si chiama trasformazione di realtà, e creazione di realtà. Un'operazione matematica e semplice conseguenza di quella energia. In chiave umana parliamo di miracolo, sol perché non ci sapremmo spiegare un tale accadimento. Può mai un uomo attraversare un muro? In chiave divina questo è possibile. Capisci? Perché se tu porti le tue molecole ad un grado di vibrazione talmente veloce, quasi al pari della luce, allora esse passano attraverso quelle del muro. Una cosa spiegabilissima, semplicemente difficile da raggiungere. Ma non inspiegabile. E' diverso.

Cos'è miracolo dunque? L'azione di una energia-luce. E se tu diventi energia-luce, tu sei un miracolo vivente.

Capitolo 4

Innalza la tua energia mentale

Evoluzione? E' dunque l'elevazione della frequenza vibratoria del nostro essere mentale. Poiché è come esseri mentali che dobbiamo imparare a riconoscerci ed a viverci. Per questo parliamo di profondità e di altezza. Profondità della perlustrazione ed altezza della vibrazione. Il che corrisponde a salti dimensionali della mente.
Innalzandosi ed affinandosi la nostra frequenza vibratoria, noi "saltiamo" con la consapevolezza mentale in altre dimensioni,

vi entriamo a dimorare. Diciamo che fisicamente tu abiti in questa terza dimensione, ma spiritualmente (ossia con la mente sottile) tu abiti in quarta o in quinta dimensione. E ti porti dietro ovviamente tutta la possibilità che ti deriva da quel livello superiore di esistenza. Tu sei qui ma vivi dentro di te come vivrebbe uno in un mondo di quinta dimensione.

Vivrai ovviamente tutto lo svantaggio del vederti circondato da esseri e da comportamenti di bassa lega, come purtroppo siamo abituati a vedere tutti i giorni, su questo nostro pianeta. Ma avrai il vantaggio di far ruotare la tua realtà secondo linee che gli altri nemmeno si sognano. Poiché è chiaro che la realtà ti ruota attorno in base a quello che tu sei diventato dentro. E' là tutto il segreto. Questo lo avrai capito oramai.

E per un essere di quinta dimensione tutto è facile ed immediato, come mai lo sarà per uno di terza. Egli non conosce più l'avversità. Quella forza avversa e oscura che invece ostacola la vita della gente, che gli mette i bastoni tra le ruote, soprattutto nella mente ove li plagia a proprio piacimento, senza che essa nemmeno se ne avveda. Ed è proprio nella mente il pericolo maggiore, la nostra maggiore vulnerabilità. Poiché la forza oscura ci appanna la vista, ci fa vedere le cose che essa gradisce e non ci fa vedere le cose per come esse sono. Essa è la fonte della illusione. E del dolore. Di ogni dolore.

E' la forza oscura a ingenerare passioni turbolente e sofferte, a scagliare l'uomo contro l'uomo, a creare spaccatura e odio. Essa è il male. Ed è una forza insita nella terza dimensione. insediatasi nottetempo in essa e difficile da sradicare. Morte, odio e distruzione vengono da essa. Guerre, ma anche stragi, ed anche eventi calamitosi naturali, sicuramente provocati da forze malefiche, spesso evocate apertamente dalla malvagità dell'uomo.

Questo l'uomo di terza dimensione. Un essere doppio, psichicamente doppio, pericoloso a se stesso ed agli altri, che conosce poco la via dell'amore, della comprensione, della pazienza e dell'umiltà, e della fede, ma molto quella dell'egoismo e della violenza e della sopraffazione. Per causa dei pochi soffre un intero pianeta e questo da tanto. Un essere di quarta dimensione è già uno capace di capire il prossimo, di amare, di percepire con occhio più profondo la realtà, e di esserne egli stesso parte operante, ma per il bene, non per il male. Tuttavia risente ancora del dualismo di questa terza dimensione. Non se ne è ancora liberato.

Un essere di quinta dimensione è fuori dal dualismo. E' un ente puro di luce, che non conosce più barriere di tempo e di spazio, e che concepisce solo il bene. Egli stesso è strumento del bene. Un tale essere può tranquillamente essere considerato la mano di Dio in Terra. Tali sono sempre stati tutti i santi, i profeti, i messia ed i maestri, in tutti i tempi ed in tutte le tradizioni.

Se un paradiso puoi conquistare qui in Terra, lo conquisti solo quando sei diventato un essere del genere. A poco vale illudersi che ottenendo questo o quel bene materiale, questa o quella conquista morale tu acquisti mai felicità in pianta stabile. Puoi scordartelo. Non te la daranno mai, le cose, la felicità, anche le cose morali intendo, come potrebbe essere un'ambizione sociale. Tanto meno il comandare gli altri. Se una felicità esiste te la potrà dare solo il servire gli altri. Il che è difficile per noi uomini da capire. Assolutamente ostico. Non appartiene al nostro DNA.

Un DNA nel quale vi si sono insediate tante di quelle tare del male, tramandate dalla forza oscura attraverso i secoli per automantenersi in vita. Una forza che oggi tenta ancora di assoggettare il pianeta. Altrimenti non ci sarebbero odio, sopraffazione, violenza e guerra, manipolazione finanziaria, stermini, terrorismo e quant'altro. Ognuno perora cause ritenute giuste: ma poi alla fine il risultato sono le stragi ed il malessere. Questo il frutto. Tale la pianta che l'ha generato. E' buona secondo te?

Un essere di quinta dimensione non conosce più il male. Uno di quarta dimensione è ancora costretto a subirlo, ama e può difendersene discretamente bene. Uno di terza dimensione è alla mercé del male. La malattia d'altro canto cosa credi che sia se non la resa al male, alla nostra stessa impotenza conoscitiva? Poiché sapere è potere. Ed un essere di terza dimensione non ha ancora sviluppato a sufficienza i suoi mezzi superiori per difendersi compiutamente dal male, Lo subisce egli stesso, si fa strumento del male e nemmeno se ne accorge. Ed ognuno dice di agire sempre nel nome del bene, anche quando compie stragi. Questo è il bene?

Bene è ciò che produce effetti benefici sulla gente, per definizione, un miglioramento dello stato di salute, un progresso di vita a tutti gli effetti. Non il contrario. Nessuno ha il diritto di uccidere nel nome di una giustizia sociale, tanto meno divina. Nessuno. La giustizia deve essere operata in modo giusto. Non ha senso una giustizia ingiusta, non ti pare? E' una contraddizione in sé.

Allora, perché siamo qui? Per imparare tutte queste cose. Per arrivare un giorno a superare noi stessi, e arrivati qui come esseri di terza dimensione potercene andare magari come esseri di quarta o meglio ancora di quinta. Difficile? Non certo impossibile.

E se vi fosse il concorso di tutti, grazie all'aiuto di chi queste cose le matura già da tempo, si farebbe anche prima. Ma purtroppo questo non c'è. Poiché come dicevo le forze del male tendono a fare solo opera di distruzione, di separazione, di frattura, tutto l'opposto di ciò che è aiuto reciproco e solidarietà.

Il male è la morte stessa. Esito inevitabile di qualunque essere umano, ma non per questo non superabile anch'essa. Almeno in linea di principio. Poiché se la malattia è la resa di percorso alla propria impotenza conoscitiva e quindi evolutiva, la morte è il cedimento finale e definitivo dell'uomo. La malattia delle malattie. Una tara ereditaria anch'essa, non credere, almeno in linea teorica anch'essa debellabile, come l'hanno debellata civiltà esistenti nel cosmo, e che possono esserci di esempio e farci da maestro.

C'è chi ha già realizzato questa cosa nell'universo e potrebbe perfettamente dirci come si fa. Sono i nostri fratelli cosmici di superiore evoluzione. Extraterrestri? Beh, scegliete voi il termine che preferite. Angeli, o enti di luce, essi hanno comunque superato tutto quel dualismo che noi qui ancora non riusciamo a superare, hanno spazzato via da millenni nei loro rispettivi mondi di provenienza ogni forma di forza oscura. Il male. Hanno vinto la vera battaglia della libertà. E sono spesso qui attorno a noi, anche su questo pianeta, magari invisibili talvolta, visto che loro possono farlo, e rendendosi spesso anche visibili, ma a rischio magari di essere uccisi anche loro come è toccato in sorte ai migliori maestri della storia. Poiché la forza del male qui ha saputo produrre solo questo, morte, distruzione, andando sempre contro tutto quello che poteva essere innovazione, progresso, evoluzione sociale a planetaria. Il male non vuole questo. Non l'ha mai voluto e mai lo vorrà.

La battaglia della verità alla fine amico mio resta un fatto comunque personale, dove chi ha vinto deve poter aiutare, e potrà certamente farlo, chi non c'è ancora riuscito. Ma troverà forti opposizioni in chi non gradisce questo tipo di progresso e di aiuto. V'è chi rema contro. Il nostro mondo è questo. E l'uomo è spesso servo della forza del male invece che della forza del bene. Poiché il male fa leva soprattutto sui nostri punti oscuri e deboli, quelli più egoistici, che sovrabbondano in noi, quali l'attaccamento, la passione, la cupidigia specie per il denaro, l'interesse personale, l'ambizione.

E' facile per un uomo uscire fuori di testa quando tocca con mano qualcuna di queste mete. Ed i più avidi sono i più pericolosi. Sarebbero capaci di sottomettere un pianeta ai loro scopi personali. Sono servi delle forze oscure. E non sembri tutto questo un bel fatterello di sapore religioso, poiché questa è scienza. E' verità.

Esiste una materia ed esiste un'antimateria. Sono forze in lotta già a livello fisico. Figurati a livello psichico e poi ancora più sottile, ossia astrale. C'è però che la radiazione oscura non è molto elevata di frequenza vibratoria, per cui quando incontra radiazioni di luce o scappa o soccombe, si dissolve, praticamente muore. La tenebra non sopporta la luce. Se vai dunque verso la vibrazione della luce tutta la tua vita si illumina inesorabilmente. E' matematica questa.

Hai un ritorno sistematico di cose positive non solo dentro, intanto in termini di benessere psicofisico o di salute e di ringiovanimento, ma anche di eventi positivi, vittoriosi e soddisfacenti. Non hai scelta: se vuoi il bene nella tua vita devi praticare il bene. E' elementare quanto grande quanto una casa. Da sempre.

Ma all'uomo non piace. E nemmeno lo vede! Non piace perché questo implica anche disciplina, magari piccoli sforzi di rinuncia. Mentre l'essere umano è quello delle cose facili ed immediate. Ma anche quello delle illusioni. Che paga puntualmente e dolorosamente sulla pelle poi. L'illusione viene dalla forza oscura. La verità è una certezza che viene dalla luce.

Quando una mente è di luce, può creare quello che vuole ed il ritorno positivo delle sue azioni è immediato, sempre più immediato. Quando una mente è oscura, compie cattive azioni e subirà il ritorno delle sue cattive azioni. Il risultato sarà un maggiore incattivimento, per un circolo vizioso che ti lascio solo immaginare. Un individuo del genere alla fine per tentare di venirne fuori vincente dalla sua vita si vede costretto a passare sul cadavere di molti. E questa sarebbe una vittoria?

Alla fine quel tizio finirà braccato dalle forze dell'ordine o anche da altri che vivono esattamente come lui, facendo la fine di quelli che egli stesso ha ucciso. Oppure si suiciderà, o finirà i suoi giorni in una prigione. Oppure il ritorno nefasto di tutte le sue forze oscure dell'inconscio si tramuterà in una forma dl malattia a decorso rapido e fatale. Sarebbe questa la vittoria di un essere umano? Questa la vittoria della sua sfida sulla Terra?

No. La vittoria è solo nella luce.

Capitolo 5

Fatti ultimo

Abbiamo potuto appurare dunque come la nostra evoluzione si affidi fondamentalmente alla elevazione delle frequenze vibratorie della mente, del nostro campo mentale di energia, e come tutto questo tenda ad accadere spontaneamente nella nostra vita, poiché esiste una normale interazione tra campo mentale interno ed eventi esistenziali esterni, richiamati proprio da questo nostro equilibrio di energia e di coscienza interno. Quel continuo gioco di eventi che noi come esseri umani viviamo prevalentemente sul piano emotivo e razionale, che viviamo come affetti, come interessi, come ambizioni, come situazioni di vita che ci avvolgono, ci travolgono, ci coinvolgono, rappresentano invece gli strumenti di lavoro in questo enorme laboratorio della vita che ci vede costretti a cimentarci con noi stessi ancorché alle prese con tutte queste cose, poiché poi è in noi che dobbiamo alla fine trovare le giuste risorse per vincere le nostre battaglie emotive, razionali, relazionali e via discorrendo.

Alla fine tutto ciò che ci ruota attorno è in funzione di noi, persino le cose cattive, che finiscono col servirci da ottimi banchi di prova di verifica o di collaudo delle nostre qualità o da test per i nostri difetti, le nostre lacune, che dovranno necessariamente venire superate e colmate se si vorrà approdare ad un equilibrio di vita più vincente e soddisfacente, a tutto tondo. Questa evoluzione è alla fine tutta a nostro stesso favore, poiché migliora la qualità dei frutti che noi ricaviamo dalla nostra esistenza, ma anche dei rapporti con gli altri e dei frutti che assieme ad essi noi possiamo raccogliere. Il bene vero, alla fine, è sempre qualcosa di collettivo, mai solo di individuale.

Una mente più evoluta produce frutti più evoluti già in se stessa. Le sue capacità intuitive, ideative, percettive ed ispirative aumentano alla massima potenza. Un Leonardo da Vinci poteva essere un essere del futuro rispetto al cinquecento nel quale è vissuto. Ma tutte le tue possibilità di vita si adeguano a quello che è il tuo grado di evoluzione. Il modo di leggere, di percepire, di vivere, di creare e trasformare la realtà cambia da uomo a uomo in base ad essa. Intanto ciò che a te può essere di disturbo ad un altro può addirittura divertire quando il suo sentire sia informato da una superiore energia. E già questo fa la differenza. Poiché se un paradiso puoi trovare, esso sta primariamente in quello che tu percepisci dentro e questo al di là delle brutture che su questo pianeta ci tocca sistematicamente osservare.

Anche il brutto può diventare bello, poiché quella bellezza ce la metti tu. Poiché tu sei il bello dentro, lo concepisci alla radice. Poi si fanno sempre più alte le possibilità di proiettare bello anche nella tua creazione di realtà, ossia di dare vita ex-novo a fatti, situazioni, eventi che riflettano esattamente quello che è il tuo mondo interiore. E questo è un fatto del tutto personale.

Pur vivendo tutti nello stesso ambiente sociale, in una stessa comunità, non tutti viviamo allo stesso modo. Si dice che ci sia chi è nato con la camicia o chi è baciato dalla dea bendata e chi sia iellato nero che una fortuna non riuscirebbe a trovarla neanche a pagarla a peso d'oro. Come mai? Non abbiamo tutti due occhi, due orecchie, una testa, un collo, due gambe e due braccia? Cosa fa la differenza tra l'uno e l'altro? E' l'energia, la vibrazione per l'appunto. Il che possiamo anche tradurlo in mondo interiore.

Ognuno vive in un suo mondo, poiché le sue coordinate di pensiero e di energia non sono le stesse di un altro. Il tuo film di vita è diverso dal mio, ma non solo nella sceneggiatura, nella trama, ma nella qualità della esistenza, nella possibilità, nella bellezza, nella pace, nell'amore. E quant'altro. Poiché l'uno è diverso dall'altro dentro, ancorché fuori, e quelle differenze si proiettano matematicamente fuori, come una pellicola che venga inesorabilmente proiettata su uno schermo.

Tutti possiamo accedere allo stesso livello di esistenza, di qualità, fatto di possibilità e di soddisfazione. Ma dobbiamo lavorarcelo. Non lo troviamo già fatto. Poiché questo mondo tenderà più a toglierti che a donarti, per via di quella forza oscura che vi impera come abbiamo già spiegato, che muove spesso gli uomini come pedine e burattini al suo comando. E gli uomini, che nel loro egoismo sanno vivere solo per le cose, vi cadono preda facilmente, accecati proprio dalle loro passioni, dalle ambizioni, da tutto ciò su cui si riflette l'egoismo.

Per questo molte religioni o molte filosofie di vita hanno sempre in tutti i tempi esaltato il valore della virtù. Oggi noi possiamo rivisitare scientificamente la virtù non tanto in termini di giudizio morale, quanto di efficienza dell'essere. Se la tua lente interiore è più pulita, riflette più luce, e riflettendo più luce consente un film più bello. E' questa la più scientifica spiegazione della virtù. Essere più puri o puliti dentro produce più frutti intanto per la nostra stessa salute, poi anche nella nostra proiezione in chiave sociale, poiché migliore è il nostro modo di approcciare il prossimo, più comprensivo, più solidale. E poi produce più frutti anche per noi, poiché avremo più energia creativa, più capacità di percepire dentro ciò che viviamo e che ci circonda, più possibilità a tutto campo.

Potrà apparire strano a più di qualcuno, ma la disonestà non paga mai. E' un'energia sporca: quale ritorno vuoi che abbia per te? Hai fregato il tuo prossimo ed hai creduto di essere un furbo, invece hai solo fregato te stesso, poiché presto ti ritroverai la casa svaligiata o le gomme della tua auto tagliate a fette, o verrai a tua volta defraudato di importanti diritti. Non hai vinto niente. Non si fonda una vittoria di vita sulla disonestà.

Lo stesso dicasi per l'umiltà. Tu puoi anche credere di essere Dio in terra, ma a cosa ti serve poi se non lo sei, e non riesci neanche a sbarcare il tuo lunario, e fai solo piangere a chiunque ti veda, anche se vorresti fare credere il contrario? Cosa te ne fai del giudizio degli altri? O della tua illusione di grandezza, se non riesci poi neanche a mettere assieme il necessario per sopravvivere? Non è meglio ammettere i propri limiti? Nel momento in cui li ammetti ti sei già proiettato verso un superamento di essi e di te stesso.

E' così che si cresce, cercando volutamente i propri limiti per superarli, non gloriandosi per quei quattro stracci di successo che domani potrebbero neanche più tornare. Non ti serve a nulla questa vanità. E' solo fumo negli occhi. Ma uno che ha fame ha bisogno di cibo, non di fumo, e tu hai fame di sapere e di potere, di essere, di soddisfazione vera, di capacità. E tutte queste cose te le procurerai lottando ed intanto riscoprendo i tuoi attuali limiti, non difendendoti col dire che non ne hai. Quando lo vedrebbe chiunque che ne hai. L'orgoglio come sempre è l'ultimo a morire, e la nostra autostima non si deve fondare su questi falsi contentini per l'io, ma su una seria rivisitazione della nostra vera miseria.

Impara a vederti come un miserabile, uno che fa pena solo a guardarsi allo specchio. Impara a ridere di te. E da quel momento ogni cosa che farai incomincerà davvero a fare frutto. Questo è l'umiltà. Un potere. Il contrario di quello che pensa l'ignoranza media del mondo. Analogo discorso per la pazienza. Quanta gente ha pazienza oggi, specie in questo mondo tecnologico dove tutto è veloce e dove pare non ci sia tempo da perdere, ma poi per fare cosa?

Ne siamo venuti fuori solo una massa di nevrotici, spesso rifugiati dietro all'impersonalità di un computer, cibernetici come esso. Rischiamo di perdere il contatto con la natura e con la forza che essa ci può dare, forza vitale innanzitutto. Ma anche libertà, tanta libertà. Quella che non puoi trovare nel cemento. Sei in una gabbia e ti vuoi sentire libero e felice?

In questa società cibernetica, in cui tutto è veloce, si è persa la virtù della pazienza. Vogliamo tutto e subito. Come da un computer. Ma il computer della tua vita devi imparare a conoscerlo per poterlo fare esprimere su quei livelli di velocità.

Altrimenti è lento. Le risposte arrivano se sai cercarle, e tutto questo richiede pazienza. Non puoi costruirti un regno di vita a tua immagine e somiglianza se non hai pazienza. Poiché dovrai lavorare sodo innanzitutto su te stesso, smussare innanzitutto tutti i tuoi angoli caratteriali spigolosi, se vuoi che tutto sia più liscio ed immediato nella tua realtà, ripulirti dalle illusioni, essere coi piedi per terra in quello che pensi e che fai, farlo con moralità e correttezza, e poi con determinazione e forza. Non andare mai contro nessuno.

Occorre pazienza per costruire una esistenza a propria immagine, per riscoprirsi dentro come nuovi, scoprire nuovi talenti, nuove possibilità e farle sviluppare, e farle fruttificare. Non puoi avere fretta. La fretta è dei perdenti. Come la calma è la virtù dei forti. Pazienza calma e forza sono strette parenti, Ed a mano a mano che tu aumenti la tua forza interiore, aumentano la pazienza e la calma con cui affronti le tue cose,

soprattutto le avversità, che inevitabilmente ti sbarreranno la strada lungo il tuo cammino.
E' là che dovrai saper esser forte. Saper capire il prossimo e le sue cattiverie, ma per capire il prossimo devi prima aver capito te, per avere comprensione o compassione di lui devi prima aver saputo trovare comprensione e compassione per te stesso. E' un cammino di ripulitura lungo e penoso questo, penoso nella misura in cui ti toccherà avere tutta la santa pazienza di ammetterti, di guardarti in uno specchio costantemente e vedere le tue sporcizie interne, riconoscerle, emendartene. Non siamo qui di fronte ad un fatto pseudo-moralistico, ma unicamente ad un fatto di efficienza: sei più efficiente quando sei più pulito. Tutto qui.
Non devi cercare di essere più puro solo perché poi ti daranno una medaglia un giorno in paradiso, come predica ancora qualche sciocco. Ma solo perché tu stesso

riscuoterai una medaglia su questa Terra fintantoché vivrai attraverso il ricavato delle tue buone azioni. Tutto ciò che dai ti ritorna e non solo nel male, ma anche nel bene. Quando compi un'azione buona stai mettendo soldi in una banca invisibile, denaro che poi ti tornerà in termini di fortune. Matematicamente. Non ascoltare coloro che ti diranno che fare del bene è da fessi. Questi se parlano così sono già nei guai ed ancora non lo sanno. Cos'hai tu da imparare da loro? Tutti si fanno maestri su questa Terra, e sai perché? Perché a nessuno piace ammetter le proprie debolezze, le proprie miserie, e quando parlano fanno di tutto per convincere gli altri della bontà e perfezione delle loro idee. Ma per convincere se stessi. Ma di cosa? Di un bluff! La realtà tu in giro non la prendi. E' una matematica. Ciò che fai ti ritorna. Non fare anche tu come fa quello che ruba sentendosi leggero solo perché non è stato visto da nessuno. Quello è un pollo. Perché presto qualcun'altro deruberà lui. La realtà gli avrà servito il conto. Sii onesto dunque e la realtà sarà onesta con te. E quando altri non sapranno riconoscere i tuoi meriti arriverà sempre qualcuno che lo farà, prima o poi. Ma tu non devi cadere nella provocazione. Poiché la parte oscura di questa realtà provoca. Vuol farti cadere. Tu non devi starci. Ignora la tentazione. Ignora la provocazione. Sii più forte.

Santificarsi a questo punto non più per poter riscuotere un paradiso nell'altra vita, ma per riscuoterlo in questa, amico mio. Poiché se sei retto lo riscuoti e vinci. Altrimenti perdi e sei spacciato. Molti cadono nelle doghe e nell'alcool poiché hanno perso la via della forza pura e della luce. Non hanno colpa, poiché nessuno gliele ha indicate. E chi poi? Altri messi peggio di loro?

Da chi dovrebbe venirti l'esempio, da chi ruba occupando posti di amministrazione pubblica o proprio di governo del paese? O da chi compie azioni illecite essendo magari alla guida di una congregazione religiosa? Un sacerdote che si macchi di oscenità è il peggiore uomo che esista, o un capo di governo che si macchi di truffa. Meglio allora essere ultimi. Si è più seri e coerenti. Si paga meno dazio alla sorte. Poiché ciò che togli ti dovrà essere tolto, anche in termini di moralità.

Capitolo 6

Le tre vie dell'Auto-Evoluzione

Allora, avrai ormai compreso che evoluzione è livello vibratorio della mente e quindi piano di funzionamento. Tu funzioni ad un altro livello e la realtà con te. Punto. Puoi arrivare a comandare gli eventi, a crearne a comando. Una cosa che oggi potrebbe apparirti impossibile. Ma come avrai capito perché tu diventi padrone della tua realtà devi prima diventare padrone di te stesso. Da qui le pratiche di autocontrollo di antico stampo, vedi maestri yogici o tibetani o sciamanici. Poiché sapere controllare te stesso significa saper controllare poi la tua realtà. Da qui le pratiche del distacco. Poiché staccarsi dalle cose significa non dipendere da esse e poterci camminare sopra. Esserne padroni.

E' con questi principi che si acquista padronanza sulla realtà. E per acquisirla occorre anzitutto una tecnica mentale, ma poi anche tanta buona volontà. Pazienza, applicazione e metodo. Costanza, perseveranza. Sono ingredienti semplici come vedi, ma che portano lontano. Se un giorno arrivi a fare miracoli te lo sarai pur guadagnato. Credi che sia cosa impossibile? I miracoli ovviamente è Dio a farli dentro di te per tua mano, ma è altrettanto chiaro che tu debba aver raggiunto un tale grado di ammanigliamento con Lui da essere come una persona sola. Il divino si esprime in te.

Come ti dicevo all'inizio tu diventi divino. Beh è dire la stessa cosa. Poiché è la radiazione ultrasottile della mente quella che interagisce in modo diretto con la radiazione ultrasottile della realtà materiale degli eventi nella quale tu sei immerso, è naturale. E tu devi sviluppare proprio la parte più alta ed ultrasottile di te. Ma come? Deve pur esservi una via, poiché affidarti alla evoluzione naturale delle cose ovvero degli eventi della tua vita è garantirsi tempi lunghi, troppo lunghi. Può non bastare una vita per raggiungere certi traguardi mentali. Occorre un motore attivo. Ed il motore attivo è il metodo, la via. Ma quale via?

E qui vengono i dolori. Poiché esistono una miriade di scuole in circolazione, soprattutto di pensiero. Ognuna vede e dipinge la vita a modo suo. Ognuna le conferisce determinati significati e scopi. Tu comprendi che il modo in cui una scuola o un maestro che ad essa fa capo vede queste cose informa poi automaticamente il modo in cui verrai fatto camminare, ossia i principi ispiratori di quel tuo cammino. Se tu sei un cattolico e ritieni che tutto quello che ti serve è salvarti dall'inferno, tutto il tuo percorso verrà improntato ad una tale concezione. Se imiti Cristo per filo e per segno in ciò che lui ha fatto, e prendi la lezione della croce come esempio da seguire, tu ti starai votando al sacrificio personale ed al dolore. Capisci?

La filosofia ispira anche la pratica. Poiché una pratica si modella su un pensiero trainante, e lo ricalca fedelmente. Se tu sei un buddista e credi nel vuoto e ritieni che raggiungere il vuoto sia la migliore via per liberarti ed illuminarti, allora la tecnica ne scaturirà come diretta conseguenza. Qual è allora il pensiero informatore della tua via? Esso ne determina la tecnica. E la tecnica cercherà di conseguire quelle mete da esso espresse e concepite.

La concezione è dunque cosa importante, fondamentale, poiché è fondamentale capire innanzitutto cosa è la realtà e quale ne è lo scopo, cosa ci stiamo a fare qui e verso che cosa dobbiamo andare, a cosa dobbiamo mirare; per questo ti ho raccontato finora tutte queste cose. Poiché nella nostra personale esperienza scientifica di ricerca dell'uomo siamo approdati a queste conclusioni.

L'uomo non deve puntare a premi ultraterreni. L'uomo il suo premio lo deve ricavare qui in questo lager di vita nel quale è sceso, semplicemente trasformandolo nel suo personale paradiso. Ma per fare questo deve imparare a trasformare innanzitutto se stesso, illuminandone tutti i punti oscuri ed innalzando la propria vibrazione superiore in una frequenza di tipo divino. Solo questo gli consegna le chiavi di quella conoscenza e di quel potere che lo rende libero e padrone della realtà nella quale egli vive, Questo noi abbiamo imparato. Questo oggi io ti trasmetto.

Ma occorrono innanzitutto volontà e poi metodo, costanza disciplina. Applicazione. Ora, abbiamo selezionato tre vie lungo le quali incamminarsi per ottenere questo obiettivo. La prima via la possiamo definire

PSICO-OGGETTUALE, ed è quella di profondità nella quale tu impari a riconoscere i tuoi oggetti interiori, soprattutto quelli oscuri, ad illuminarli ed a rivisitarli. E' una via che parte dalle cose, proprio da quelle cose alle quali l'uomo è attaccato. Dal suo stretto ed attuale quotidiano. Una via analitica e mentale, che passo dopo passo ti aiuta a cambiare ed a guadagnare superiori posizioni di luce e di rendimento esistenziale. Poiché ci è chiaro che noi puntiamo alla vittoria esistenziale, non al dolore.

Il dolore è una sgradita conseguenza, non un qualcosa da cercare. L'uomo deve cercare la felicità, la pienezza, l'autorealizzazione, non il dolore.

La seconda via è quella che potremmo definire come DIVINA diretta o spirituale. Da non confondersi con quella religiosa. Poiché qui facciamo scienza, e mettersi in Dio non significa necessariamente fare religione, costruirsi impalcature dottrinali,

Non ci sono impalcature dottrinali qui, come appena visto, ma solo una esperienza diretta che l'uomo fa e deve imparare a fare. Una crescita personale.

E' una via più adatta a chi senta di più questo tipo di approccio o di spinta dell'anima. E' la via della preghiera e della meditazione, che qui vengono rivisitate ripeto in una chiave rigorosamente scientifica, e in quello che viene chiesto ed affermato, e nel modo in cui questo viene fatto. Nessun atto acquista significati rituali qui, ma ogni atto acquista ben precisi significati di meccanismo, di principio attivo operante. Ogni cosa è spiegabile e non vi sono dogmi o processi non spiegabili. Per questo parliamo di scienza e non di religione. Altrimenti saremmo ancora nel vecchio.

Ma il vecchio ha spesso prodotto molti danni per via delle lacune concettuali e pratiche da esso offerte. Per non dire poi delle manipolazioni demagogiche. Uno scempio di fatta tutta umana, che ben poco ha a che spartire col divino. Questa è la via divina diretta.

Esiste poi una terza possibilità, una via che definiamo COSMICA. E' un po' la via del futuro questa se vogliamo, e potremmo anche dire che forse oggi essa sia quella più di moda, ossia molto attuale. Anche se poi in queste cose le mode lasciano sempre il tempo che trovano. Ognuno deve seguire l'istinto personale più che altro. Ciò che gli detta dentro. Questa è la via della comunicazione diretta con gli enti stellari, i fratelli del cosmo di superiore evoluzione che a giusta ragione possiamo considerare come fratelli maggiori e divini, almeno rispetto a noi terrestri, Puoi anche chiamarli extraterrestri, fa lo stesso.

Certo non sono di questo mondo. Sono civiltà evolute che ci seguono piuttosto da vicino, molto più di quanto noi osiamo immaginare, e sono spesso qui tra noi, magari anche nella più piena invisibilità,

talvolta si manifestano in forme simili alla nostra, magari ci parliamo qualche volta e neanche ci accorgiamo che si tratta di enti extraterrestri. Poiché sono in grado di parlare e muoversi come noi, almeno nelle civiltà più evolute, quelle che in senso lato definiamo appunto divine. Sono gli Elohim.
Da più parti si vocifera anzi che proprio da essi siano stati impiantati sulla Terra i primi cloni umani, per cui civiltà come i Siriani, i Pleiadiani o i Clariani sarebbero davvero i nostri veri padri. Il che si perde nella notte dei tempi. Civiltà antichissime dunque, di alta evoluzione. Potremmo definirli i nostri dei, Ma noi che non siamo animati qui da intenti di paganesimo, né di falsa religiosità, ma di scienza, ci limiteremo a definirli fratelli più evoluti, nei quali si riflette certamente e notevolmente la vera luce di Dio. E la Sua opera. Esempi da seguire. Direi anche i nostri maestri.
E' possibile instaurare un contatto con loro. Ma dobbiamo cercarlo. E' la via cosmica.

Ognuno seguirà la via che il cuore gli detta. E' una scelta personale e non può essere imposta. Possiamo solo garantire che tutte le vie portano al traguardo. Ed il traguardo è la nostra personale trasformazione divina, ed a ruota della nostra realtà.

Capitolo 7

Il salto dimensionale

Parliamo dunque della VIA PSICO-OGGETTUALE. E' una via che si apre in un contesto di gruppo. L'operatore-guida promuove intanto un campo mentale di gruppo, ossia una vibrazione che congloba tutti i partecipanti, li compenetra, e nel contempo li guida verbalmente in seduta spingendoli all'interno di un'atmosfera immaginaria, mirata a visualizzare il grosso dei propri oggetti psichici di riferimento.
Per oggetti, come già visto, si considerano tutte le fondamentali motivazioni dell'essere, affettive relazionali,

economiche, di desiderio, di ambizione, di vocazione e quant'altro. Questi oggetti vengono uno alla volta messi a fuoco e poi a mano a mano illuminati e rivisitati. Il soggetto si riscopre attraverso questa rivisitazione dei suoi oggetti di vita, e si riqualifica, riqualifica nel tempo la sua identità. Poiché la nostra identità di soggetto passa per quelle che sono le manifestazioni oggettuali alle quali siamo collegati, che noi stessi proiettiamo nella nostra realtà, e che rappresentano un po' i nostri prodotti interiori. E' un po' come quando si dice dimmi con chi vai e ti dirò chi sei: ecco, qui potremmo dire dimmi con quali oggetti te la fai e ti dirò chi sei. La stessa cosa!

Il firmamento dei nostri oggetti personali è il vero specchio della nostra personalità, delle sue attitudini, delle sue qualità come anche dei suoi limiti e dei difetti. Questa rivisitazione analitica degli oggetti si accompagna ad un assorbimento di energia da una fonte di luce che è da un lato esterna (operatore) e dall'altro interna (fonte immaginaria). La crescita del Sé sta proprio in questa riqualificazione degli oggetti e di se stessi, ed in un vero e proprio salto di energia, di vibrazione, che non può essere compiuto da un giorno all'altro. Occorre un po' di tempo, ed una costanza nella applicazione della tecnica, che prevede una continuazione individuale a casa propria.

Siamo davanti ad una sorta di iniziazione di gruppo e ad una continuazione personale del lavoro mentale. DI pari passo alla rivisitazione degli oggetti, che acquistano più luce e quindi maggiore chiarezza a se stessi, fino a potersi proiettare con più forza ed efficacia nella nostra realtà, c'è anche uno sviluppo di energia dunque, di un campo mentale e vibratorio che si accresce di altezza e di frequenza lentamente ed insensibilmente. Questo processo di auto-illuminazione porta benefici pratici evidenti ed immediati, e non solo a livello di

chiarezza con se stessi, ma anche di benessere mentale e fisico. Mentre tutta la ruota della vita inizia a girare per il verso giusto.
Rifare ordine dentro di sé significa conseguentemente rimettere ordine anche fuori, nelle cose prima ingarbugliate, ed ora chiare, ordinate, redditizie. Tutto diventa più chiaro e redditizio, nel quotidiano intendo. Il soggetto può andare incontro nel tempo ad una netta rivalutazione di sé, ad una sorta di cambiamento di pelle che lo riqualifica in una identità nuova. Talenti nascosti potrebbero saltare fuori, o vocazioni prima inconfessate possono adesso prendere definitivamente corpo ed esplodere ed affermarsi a giusta ragione nell'essere e nella sua vita. La vittoria esistenziale a questo punto sta proprio nella massima esaltazione di quelle doti nascoste e mai confessate che vengono fuori prepotentemente e si impongono sullo scenario personale, in una sorta di nuova

identità di vita. Un profondo atto di coraggio con se stessi, cui corrisponde una profonda modificazione degli equilibri esistenziali o di vita, dei luoghi, degli eventi, delle relazioni.

Tutto si modifica, ma finalmente nel meglio, in ciò che vogliamo veramente, e non in ciò che ci hanno imposto fino ad oggi, per causa di modelli forzati. Magari siamo stati quello che volevano gli altri, i luoghi comuni del mondo, ma non quello che volevamo noi. E questo a tutti i livelli, di lavoro, di amicizie, di aspirazioni, di hobby, sessuali, eccetera. Successo di vita o autorealizzazione è un processo dinamico, in cui il meglio di noi viene fuori ed esplode, si impone nettamente e definitivamente sulla scena della nostra vita. E questo è libertà. E questo è soddisfazione personale. E questo è felicità.

A questo conduce questo lavoro degli oggetti. Un lavoro di energia, di analisi e di rimaneggiamento. Di illuminazione e di trasformazione di essi, Un lavoro di auto-evoluzione in una parola sola. L'atto finale e conclusivo più alto di tutto questo lungo percorso è rappresentato dalla identificazione del soggetto stesso nella fonte di luce. Tu diventi la fonte di luce. E poni le basi dentro di te per il grande salto nella dimensione cosmica o spirituale vera e propria. Poni le basi per il salto evolutivo o dimensionale che ti porterà verso la quarta dimensione. Ma non ti sarà possibile approdarvi se prima non avrai vinto nella terza.

Questo nostro percorso non prevede difatti salti nel buio o rinunce. Quando salti da un livello ad uno superiore lo fai solo perché sei saturo di quello precedente, perché sei attirato e gratificato dal voler saltare. Qui facciamo scienza non sacrifici rituali o teologia. Né filosofia. Un uomo che non abbia ancora concretizzato i propri desideri è un uomo frustrato. Non puoi chiedere ad un uomo frustrato di rinunciare ai propri obiettivi per fare un salto dimensionale. Quegli obiettivi vanno prima raggiunti. Altrimenti non c'è vittoria e non c'è Conoscenza. Il tuo desiderio, ovviamente che sia sano, lo devi appagare, non lasciarlo frustrato. Solo quando sei sazio puoi anche decidere di passare ad una esperienza differente. Perché ne senti il richiamo. Non perché vi sia costretto. Allora sei pronto al salto.

Capitolo 8

Diventa un walk-in

Naturale continuazione della VIA PSICO-OGGETTUALE è la VIA COSMICA. Anche qui l'iniziazione avviene in gruppo. Anche qui l'operatore-guida dà vita e sviluppo ad un campo d'energia che investe tutto il gruppo, e quindi lo pervade e lo sostiene, favorendo il lavoro mentale vero e proprio che si affida poi ad una parola-chiave. Questa è una formula alfanumerica che ha tutte le caratteristiche di una password. In realtà si tratta di un codice che ha il potere di connettere automaticamente la coscienza mentale di ogni partecipante alla seduta alla quinta dimensione nella quale albergano esseri Clariani, ed in particolare alle loro navi galattiche presenti sui nostri cieli o proprio sul nostro territorio.

E' una chiave capace di interagire direttamente con alcuni siti del nostro DNA. Essa viene ripetuta più volte come un mantra, e diventa lo stimolo trainante di una meditazione, che sarebbe più opportuno qui rivisitare nei termini di un vero e proprio autosviluppo mentale. In questo tipo di via il divino è incarnato dagli stessi fratelli Clariani, i quali lungi dal voler qui assurgere al ruolo di nuovi e personali dei, assumono più che altro per noi il ruolo di punti di riferimento per lo sviluppo della nostra conoscenza, di maestri veri e propri, di propiziatori di un più evoluto stato del nostro essere.

In questo tipo di percorso si instaura insomma un rapporto con i fratelli provenienti dal pianeta Clarion (150 mila anni luce, nella costellazione della Chioma di Berenice), ritrovandosi spesso ad effettuare viaggi astrali a bordo delle loro navi galattiche. Nel corso di questi incontri astrali può avvenire un dialogo con i vari compenti l'equipaggio degli extraterrestri, o aver luogo una irradiazione con energie quantiche attraverso uno speciale tubo detto per l'appunto dell'irradiazione. Questo percorso mentale o proprio astrale, che si accompagna alla pratica del codice-chiave, assume dunque connotazioni del tutto personali, in base alle proprie spinte di energia ed alle spinte dell'anima, che possono essere diverse dall'uno rispetto all'altro.

La nostra evoluzione dunque qui passa per una visitazione continua delle navi clariane. E' un percorso di connessione mentale con esse, mirato alla instaurazione di un rapporto personale con tali enti astrali, che poi sono di quinta dimensione, che ci faranno in tal caso direttamente da guida e da maestro, conducendoci per mano lungo un sentiero di crescita, favorito dal nostro stesso sviluppo mentale di energia. Lungo questo percorso di frequentazione delle navi clariane, generalmente è uno dei componenti l'equipaggio quello che si incaricherà di prenderci come suo discepolo, e quindi di istruirci passo dopo passo sui segreti del cosmo ed ancora prima di noi stessi. Il punto apicale di questo percorso è rappresentato dalla fusione vera e propria della coscienza del neofita con quella del maestro clariano. Questa condizione è quella che oggi viene spesso definita come "Walk-in".

In pratica il clariano ci cammina dentro, poiché vive in noi, come vero braccio divino che ci incarna. A questo stadio ci si trova quasi sempre davanti ad una missione, una condizione nella quale noi ci siamo fatti portatori di un messaggio cosmico per gli altri fratelli del pianeta Terra, sul quale è in atto in questo momento un forte impulso di risanamento morale, geofisico e vibrazionale. Il pianeta Terra è chiamato indubbiamente ad una elevazione delle sue attuali frequenze vibratorie, ad un salto dimensionale che si consumerà nel tempo, ad un vero cambiamento di pelle a tutto tondo. Il walk-in è un vero punto di forza di ogni azione di comunicazione tra mondo extraterrestre e mondo terrestre, e di ogni piano di azione e di cambiamento attivo sulla Terra. Esso è anche mediatore della discesa fisica ufficiale delle navi extraterrestri sulla Terra, cosa avvenuta fino a questo momento ancora in veste ufficiosa, anche se abbondantemente testimoniata, ma ciononostante ancora rigettata, soprattutto dai governi, dagli organi di vigilanza militare e dalla scienza ufficiale.

Capitolo 9

L'incontro col divino

Ci occuperemo poi della VIA DIVINA diretta. In un contesto di gruppo, il maestro o la guida introduce una formula orante-chiave, un misto di affermazione e di preghiera che spinge direttamente ogni partecipante all'incontro con Dio. Gli stessi contenuti dell'affermazione e della preghiera rappresentano in sé motivi di progresso personale, quali la pace, l'amore o la guarigione. La propria vibrazione mentale super-cosciente viene in tal modo automaticamente spinta ed innalzata verso il divino, diventando essa stessa divina nel tempo, col ripetersi della pratica e col purificarsi dei propri punti oscuri dell'inconscio. In questo caso tale operazione viene favorita dalle spinte di luce all'interno della coscienza superiore e dalle situazioni di vita che inesorabilmente verranno a proporsi all'esperienza del soggetto, quale riflesso diretto delle proprie istanze di affermazione e di richiesta sviluppate come energie di luce nella coscienza mentale.

Camminare direttamente in Dio offre il massimo della moralizzazione, e dell'innalzamento di coscienza, della personale divinizzazione. Purificazione dell'inconscio ed illuminazione del superconscio, queste le basi scientifiche che si accompagnano alla nostra evoluzione vibratoria. Anche qui l'iniziazione avviene in gruppo, ove la forza del maestro mediatore garantisce sempre quel qualcosa in più rispetto a quello che potrebbe il discente procurarsi da solo. Resta poi il fatto che l'esercizio mentale deve essere ripetuto e portato avanti a casa per proprio conto, in veste di una sorta di compito mirato allo sviluppo personale della energia ed alla salita della stessa.

L'energia risale, e questo è un fatto che ognuno sperimenta in senso fisico direi, come un fenomeno di salita vera e propria e di affinamento della vibrazione. A tratti questa cosa si fa evidente e significativa. Possono esservi momenti in cui il soggetto, una volta abbastanza avanzatosi in questo tipo di pratica, rimanga come rapito da una forza divina che si essenzia nella vibrazione stessa. Dobbiamo capire che siamo noi intanto a dover compiere il primo passo ed il primo sforzo per andare verso il divino. Non potremo pretendere che il divino venga a noi immediatamente. Solo quando avremo abbastanza innalzato il campo vibratorio della mente e rafforzato, e soprattutto quando lo avremo meritato con il nostro comportamento nella vita, che deve

adeguarsi ad una tale levatura, allora ecco che il divino verrà a noi.
Non si tratta affatto di un incontro fittizio o immaginario. Queste sono vibrazioni vere, reali, e quindi realtà che si manifestano sia pure sul piano sottile. Ed il piano della mente spirituale è un piano sottile, ovviamente, ma non per questo inesistente. Quando grazie a tutto questo nostro lavoro mentale ed a questo nostro impegno diciamo moralmente sacro, sia pure nella sua scientificità, ci saremo elevati abbastanza ecco comparire i primi fenomeni divini. Inesorabilmente. Queste cose agiscono come una matematica, ove due più due fa solo quattro.
E quando parliamo di fenomeni divini parliamo di molte possibilità di manifestazione, molte vie. Una delle prime e più frequenti è rappresentata dal viaggio astrale. Il soggetto vive una sorta di distacco dalla dimensione corporea e tende ad allontanarsi verso un'altra dimensione. La

persona, specie la sua prima volta, la vive come una specie di morte o di dipartita da questo mondo, un perdersi, anche se dolce. Si tratta solo di una sensazione ovviamente, poiché non di morte vera si tratta, del corpo intendo, ma di un allontanamento da questa dimensione, temporaneo, di un vero salto se vogliamo. Saltiamo in un'altra dimensione, quella astrale, che è di quarta.

Quando ci si abitua a questi "salti" poi li si vive in modo sportivo, dinamico, senza più paura. La paura dell'ignoto d'altronde è radicata in noi, e lì per lì si fa sentire, finché di una data esperienza non se ne diventi padroni, finché essa non ci diventi familiare. Quello dello stacco astrale è uno dei fenomeni divini più frequenti, e che potrebbe turbare lì per lì chi non vi sia preparato, vivendolo come una sensazione di distacco senza più ritorno o qualcosa del genere. Ma come già detto è solo una sensazione. Poi nel tempo se ne impara a ricavare invece tutta l'efficacia, poiché in quei viaggi noi possiamo veramente attingere a piene mani da mondi superiori e portarci poi dentro alla nostra coscienza ed in questo nostro mondo di tutti i giorni le bellezze e le ricchezze di quei mondi. Poiché restano dentro di noi.

Tu puoi andare nel futuro, puoi andare in altri mondi abitati, puoi andare in dimensioni sempre più sottili ed impararvi cose interessanti. Puoi anche qui incontrare enti stellari o celesti che ti parlano, ti incoraggiano, ti consigliano, ti addestrano, ti illuminano. E' quanto di più alto tu possa vivere. Beh, l'incontro col divino può assumere poi nel tempo livelli vibratori e di rapporto sempre più elevati, Questo dipende da te, da quanto ti impegni, da quanto ci credi, da quanto sai dare a questo tuo sforzo di ricerca. E' chiaro che se gli concedi giusto il minimo sindacale non potrai poi pretendere che esso ti ripaghi con il massimo dei voti!

Se metti al primo posto questa tua ricerca e ti impegni con tutto te stesso dandovi il trecento per cento, se possibile, è naturale che essa ti renderà al trecento per cento. Allora ecco che nelle tue profondità ed altezze della mente spirituale potrai incontrare esseri divini tipo angeli, e magari andando ancora oltre grandi maestri divini come il Buddha, il Cristo o enti divini eccelsi come la Madre Divina.

Tu comprendi quale differenza faccia mettersi in un rapporto personale diretto con enti di questo livello. Ogni volta ne esci cambiato, evoluto. In poco tempo accedi a livelli di vibrazione spirituale e quindi a ruota di esistenza decisamente più eccelsi. Ti porti tutta la luce che acquisisci in questi tuoi incontri profondi poi nella tua vita. E vi si riflette inesorabilmente, come già detto, in tutta la qualità degli eventi del quotidiano. Che cambia in modo radicale e luminoso, passando come dalla notte al giorno. Ti avvii in modo deciso allora verso la tua vittoria esistenziale.

Capitolo 10

Diventa luce

Qualunque via tu intraprenda ti ritroverai sempre comunque in uno stato di trasformazione di te stesso. Non potrai più essere quello di prima. E questo è naturale. Evoluzione è cambiamento.
Ti ritroverai a vibrare su piani vibratori decisamente differenti e sempre più sottili, sofisticati, profondi. Vedrai te stesso proiettarti in mondi differenti, e capace di possibilità al momento impensate. Evolversi è acquisire più possibilità, ovviamente. Puoi

chiamarlo potere, fa lo stesso. Ed il potere comporta libertà. Tu sei libero se puoi uscire da una gabbia; altrimenti non lo sei. E fintantoché sei costretto a stare in una gabbia, tu non godi di alcun libero arbitrio. Il libero arbitrio per gli esseri umani è solo una bella favoletta. Perché se noi potessimo davvero disporre di un tale arbitrio ci sceglieremmo la vita preferita e non saremmo costretti a soccombere a tante situazioni di stento e di pena, o comunque sgradite. Pertanto non esiste alcun libero arbitrio, ma esistono solo delle situazioni di apprendimento e di costruzione, mediate dalle forze oscure e da quello che noi permettiamo loro di fare, inconsciamente, per causa dei nostri stessi limiti ed errori.
L'uscita da queste gabbie è dolorosa, ma possibile solo grazie allo sviluppo della mente superiore e delle sue potenzialità di luce. E questa è scienza. Il resto è filosofia da strada o teologia da catechismo, che lasciano il tempo che trovano, né più né

meno delle storielle raccontate ai bambini per dormire. E per aprire una gabbia occorre una forza. E quella forza è un potere, e lo trovi solo nella superiore vibrazione di luce della mente, non nei dogmi e nelle sciocchezze che ci raccontano da secoli.

Dio ha creato un meccanismo perfetto, nel quale siamo soccombenti solo per causa di una cattiva nostra gestione delle forze, da secoli o da millenni, per cui noi uomini ci tramandiamo le storture di tale cattiva gestione e le subiamo già nella nostra stessa psiche inconscia sotto forma di tare del male. Non aprirai le tue prigioni con le chiacchere. Occorre una forza. E quella forza è nella luce della mente. E tale luce la devi sviluppare.

Da tempo abbiamo parlato di auto-sviluppo mentale come via per l'auto-evoluzione. Puoi scegliere tu la via, ma la tua pratica rimarrà sempre una pratica di auto-sviluppo della forza mentale. La forza mentale è un campo vibratorio tanto più profondo quanto più alto e tanto più alto quanto più profondo. E' il tuo potere. Ce l'hai potenzialmente, ma lo devi ritrovare sepolto in te. Lo devi sviluppare. E mettere al servizio della tua libertà. Accompagnandoti sempre con la buona azione, poiché non v'è potere fuori dalla buona azione. V'è solo illusione.

E l'illusione prima o poi la paghi. Essa non è libertà. E' solo una ulteriore schiavitù. Che te ne fai? Tu hai bisogno di volare; ma per volare hai bisogno di una forza. Quella forza è il potere della mente. E il potere della mente è energia, E l'energia è vibrazione. Innalza la tua vibrazione dunque.

Ed in questo occorre una scuola, occorre una guida, Non puoi camminare da solo in un terreno così complesso ed insidioso. Metti da parte ogni presunzione, non ti serve a niente. Recupera la tua umiltà ed andrai lontano. Caricati di tanta buona volontà e sii disposto a camminare anche su te stesso. Fai lavoro mentale con metodo,

abnegazione, costanza, perseveranza, volontà. Vedrai i risultati. Il lavoro paga sempre. Le favole no.
Non troverai mai un tesoro già fatto. Devi costruirtelo quel tesoro. E puoi farlo. E chi già conosce la strada per farlo te la indicherà. Passo dopo passo. Ma impara la moralità ed impara il potere, Ed acquisisci libertà. La libertà di essere quello che sei davvero e che vuoi davvero. Quello che la realtà ti mette a tua diposizione. Poiché Dio è un dio della gioia, non del dolore. Il dolore siamo solo noi uomini nella misura in cui ci mettiamo al servizio delle forze del male, quando serviamo l'egoismo e l'interesse personale ai danni della comunità in cui viviamo, quando non siamo di aiuto al prossimo, quando lo danneggiamo. La felicità è nella solidarietà. Esattamente il contrario. Nella cooperazione, nell'aiuto reciproco, non nella spaccatura, nell'odio e nella violenza. E neanche nell'ignoranza.

Pace e amore sono i frutti della forza, non la violenza, la violenza è frutto della disperazione e la disperazione è frutto della negatività. Del male. E il male è la morte. Il male è dolore, il male è malattia.
Vuoi ringiovanire? Segui il bene. Vuoi essere vincente nella vita ed avere fortuna? Segui il bene. Non accaparrarti beni materiali seguendo la via del male. Non avresti vinto niente. Alla fine perderai anche l'ultimo spicciolo, se non proprio anche la tua vita. Non è una via vincente il male, mai. Su queste basi morali svilupperai potere, affidandoti alla tua pratica. Non importa quale via seguirai. L'una o l'altra ti porteranno prima o poi allo sviluppo del potere personale e poi di quello cosmico.
Quando sei nel potere cosmico la tua vibrazione è divina, poiché tu stesso sei divino, e sei al servizio della luce divina. Quello che fai lo fai quasi sempre per gli altri. Un potere solo per se stessi è sempre

poca cosa. Il potere divino è sempre per gli altri. Per un tutto. Poiché Dio è il Tutto.
E quando un giorno tutta la tua vibrazione sarà luce, tu non sarai più mortale.

INDICE

CAP. 1
Il motore dei tuoi eventi...……………..pag. 7

CAP. 2
La Conoscenza……………………..………15

CAP. 3
La conquista delle dimensioni……….…27

CAP. 4
Innalza la tua energia mentale………...39

CAP. 5
Fatti ultimo………………………….…..52

CAP. 6
Le tre vie dell'Auto-Evoluzione...........66

CAP. 7
Il salto dimensionale.......................76

CAP. 8
Diventa un Walk-in........................83

CAP. 9
L'incontro col divino.......................88

CAP.10
Diventa luce................................96

INDICE......................................105

Printed by

Lulu Ed.

3101 Hillsborough Street

Raleigh, NC 27607

UNITED STATES

www.lulu.com

www.ingramcontent.com/pod-product-compliance
Lightning Source LLC
Chambersburg PA
CBHW072217170526
45158CB00002BA/640